PLANETA ANIMAL

EL BORREGO CIMARRÓN

POR KATE RIGGS

CREATIVE EDUCATION • CREATIVE PAPERBACKS

Publicado por Creative Education
y Creative Paperbacks
P.O. Box 227, Mankato, Minnesota 56002
Creative Education y Creative Paperbacks son marcas editoriales de The Creative Company
www.thecreativecompany.us

Diseño de The Design Lab
Producción de Rachel Klimpel
Editado de Alissa Thielges
Dirección de arte de Rita Marshall
Traducción de TRAVOD, www.travod.com

Fotografías de 123RF (pinkcandy), Alamy (All Canada Photos, Allen Thornton, John E Marriott, robertharding, William Mullins), Corbis (Jeff Vanuga, Sumio Harada/ Minden Pictures), Depositphotos (jill@ghostbear.org), Dreamstime (Anankkml), Getty (CR Courson), iStock (KenRinger, Petr Kahanek, raincoast), Shutterstock (Sarah Jessup, Wesley Aston)

Library of Congress Cataloging-in-Publication Data
Names: Riggs, Kate, author.
Title: El borrego cimarrón / by Kate Riggs.
Other titles: Bighorn sheep. Spanish
Description: Mankato, Minnesota: Creative Education/ Creative Paperbacks, [2023] | Series: Planeta animal | Includes index. | Audience: Ages 6–9 | Audience: Grades 2–3 | Summary: "Elementary-aged readers will discover how bighorn sheep stay safe from predators. Full color images and clear explanations highlight the habitat, diet, and lifestyle of these fascinating mountain creatures"—Provided by publisher.
Identifiers: LCCN 2022007732 (print) | LCCN 2022007733 (ebook) | ISBN 9781640266889 (library binding) | ISBN 9781682772447 (paperback) | ISBN 9781640008298 (ebook)
Subjects: LCSH: Bighorn sheep—Juvenile literature.
Classification: LCC QL737.U53 R54518 2023 (print) | LCC QL737.U53 (ebook) | DDC 599.649/7—dc23/ eng/20220228
LC record available at https://lccn.loc.gov/2022007732

Tabla de contenidos

Existen cinco tipos de borrego cimarrón del desierto.

El borrego cimarrón es uno de los borregos salvajes más grandes del mundo. Hay al menos tres **subespecies**. Todas viven en Norteamérica.

subespecie un grupo de animales similares (o con parentesco cercano) dentro de un grupo más grande llamado especie

El borrego cimarrón es famoso por sus cuernos rizados. Tanto machos como hembras tienen cuernos. Los cuernos son duros y están hechos de hueso. No se les caen, como sucede con las astas de los venados. El borrego cimarrón de montaña tiene los cuernos más grandes. ¡Los cuernos pesan casi 30 libras (13,6 kg)!

Los cuernos de los machos son más rizados que los de las hembras.

El borrego cimarrón de montaña es más grande que el borrego cimarrón del desierto. Un borrego cimarrón de montaña puede pesar 300 libras (136 kg). Las hembras suelen pesar alrededor de 200 libras (91 kg). Todos los borregos cimarrones comen más en verano. Y pierden peso en el invierno. Hay menos comida en esa estación.

La piel peluda del borrego cimarrón lo mantiene caliente en las montañas.

El borrego cimarrón de montaña vive en las Rocosas y en Sierra Nevada. El borrego cimarrón del desierto se encuentra en lugares calurosos y secos. Muchos viven en estados como California y Utah.

Desde el más joven hasta el más viejo, los borregos cimarrones trepan por sus casas rocosas.

El borrego cimarrón come pasto seco y ramas. Durante el verano, también come flores. Pasa mucho tiempo comiendo. Su forma de alimentarse se llama pastar.

Los borregos tienen estómagos especiales que les ayudan a comer plantas duras.

En una manada viven entre 5 y 15 hembras, corderos y borregos cimarrones jóvenes.

A finales de la primavera, la hembra tiene un **cordero**. Este tiene ojos oscuros y cuernos diminutos. Cuando cumple tres semanas de nacido, se une a otros corderos. Juegan y descansan juntos en un grupo llamado manada de crías. Todas las madres y sus pequeños viven en una manada más grande.

cordero borrego cimarrón bebé

El borrego cimarrón puede correr con rapidez. Puede ir a 30 millas (48,3 km) por hora en tierra plana. Puede caminar sobre las rocas y saltar lejos.

En una montaña rocosa, el borrego cimarrón puede correr a 15 millas (24,1 km) por hora.

El borrego cimarrón necesita una cornisa de tan solo dos pulgadas (5,1 cm) de ancho para estar a salvo.

Los borregos cimarrones huyen de los **depredadores**. Trepan por las cornisas rocosas para llegar a sitios seguros. Allí no pueden alcanzarlos ni los pumas, ni los lobos, ni otros animales.

depredadores animales que matan y se comen a otros animales

La gente que vive cerca de los borregos cimarrones los ve todo el tiempo. Puedes visitar parques nacionales para ver al borrego cimarrón y a otros animales en la naturaleza. ¡Mantén la distancia! El borrego cimarrón puede embestir si te acercas demasiado.

En verano, el borrego cimarrón muda su pelaje grueso de invierno.

Un cuento del borrego cimarrón

Hay una historia sobre cómo el borrego cimarrón obtuvo sus cuernos rizados. Hace mucho tiempo, el borrego cimarrón tenía cuernos rectos. ¡Los usaba para aventar a otros animales por los acantilados! Para defenderse, el coyote empujó al borrego cimarrón pero lo salvó jalándolo de los cuernos. Cuando el coyote lo soltó, los cuernos se habían retorcido. Desde entonces, son rizados.

Índice